U0183060

米莱知识宇宙

启航吧知识号

身边的自然科学

米莱童书 著/绘

北京理工大学出版社
BEIJING INSTITUTE OF TECHNOLOGY PRESS

近年来，自然博物类好书不断，总能让读者眼前一亮。而摆在我们面前的这套《启航吧知识号：身边的自然科学》，也着实令人惊喜不已！

"科学"产生之前，先有的"博物"。"博物"可以包含什么内容？诸如本套书之分册——超市里、公园中、我的家，以及在海洋馆和博物馆内，都有无数的"物"。这些"物"，不仅有动物、植物、古生物、微生物、矿物，还有食物、谷物、作物、药物、文物、器物、饰物、化合物、混合物、吉祥物……

博物学，可以理解为人类之于自然万物的观察、记录、分类、描述等活动，它包括但不限于天文、地理、生物、生态、环境等学科所涉及的内容。可以说，博物学是一门非常古老的学问，尤其在我国，从《诗经》《山海经》《尔雅》，到后来历朝历代相关的"博物志""地方志"，甚至志怪类小说，都不乏对动植物的记录、解释或训诂。

我们小时候，在护城河游泳，掏鸟窝，粘知了，捉蝴蝶和蜻蜓，可以玩泥巴，拔老根儿……我家在天坛公园附近，儿时，打开窗户便可见"两个黄鹂鸣翠柳"，出门就有"一行白鹭上青天"。

而今天的小朋友，已经完全没有了那些"实践"，他们不是通过自己的观察、研究以及探索而获得的知识，而是通过手机，或者互联网、社交媒体等途径获得的一些知识，与其说是知识，不如说是零碎的信息，

或者片面的结论。

2010 年，我到国家动物博物馆工作之初，便积极倡导"博物学启蒙教育"。正是希望孩子们能够回归大自然，找回他们的自然属性。我们人类是地球、大自然的一分子，通过博物学启蒙教育，让孩子们不仅知识丰富，即博学，而且更要有博爱的情怀，让他们学会如何发现美，如何感受善良，如何体会到什么是真爱！最终他们成人之后，可以做到"博雅""博智"。

我相信，这套书的初衷，就是将我们在生活中发现的各种有趣的、好玩儿的、新奇的事情和小朋友们分享。希望每一位小读者"多识于鸟兽草木之名"，博学、博爱、博雅！是为序。

张劲硕

博士、研究馆员

国家动物博物馆副馆长

2022 年 8 月 31 日于动博

目录

家，是我们最熟悉的地方。这里有干净的衣服、可口的饭菜、柔软的被窝，还有最爱我们的亲人。
其实这里也被各种奇妙的生物和现象所环绕，
不信？现在就来看看吧！

不速之客

　　家，是让我们最轻松自在的地方，这里永远有最关心我们的亲人和让人忘掉所有烦恼的柔软被窝。

　　可是，总有一些不请自来的"客人"，扰乱我们平静的生活，一起来看看这些"不速之客"吧！

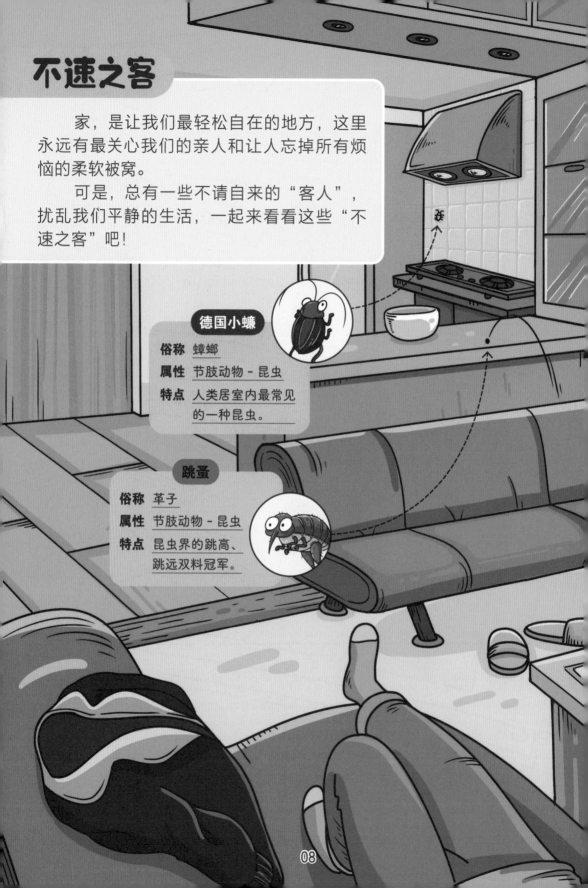

德国小蠊

俗称 蟑螂
属性 节肢动物 - 昆虫
特点 人类居室内最常见的一种昆虫。

跳蚤

俗称 革子
属性 节肢动物 - 昆虫
特点 昆虫界的跳高、跳远双料冠军。

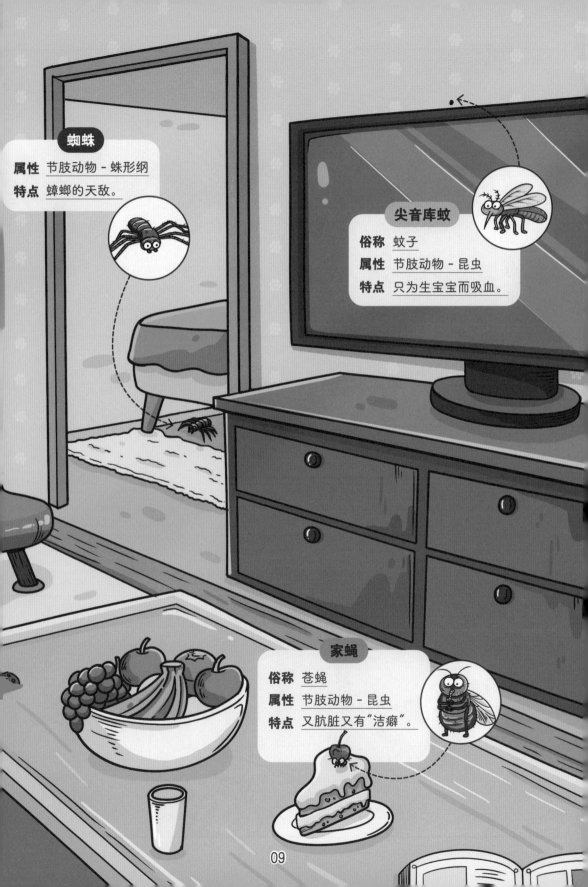

蜘蛛

属性 节肢动物 - 蛛形纲
特点 蟑螂的天敌。

尖音库蚊

俗称 蚊子
属性 节肢动物 - 昆虫
特点 只为生宝宝而吸血。

家蝇

俗称 苍蝇
属性 节肢动物 - 昆虫
特点 又肮脏又有"洁癖"。

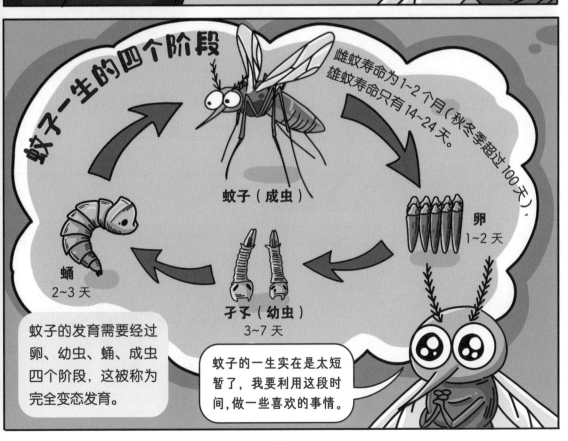

人类！快藏起来！
别被踩到了！

他们不会的。人类总会担心鞋底沾到我们的卵，传播得到处都是，让蟑螂越踩越多。

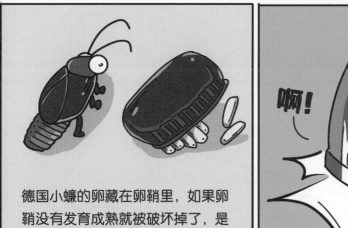

德国小蠊的卵藏在卵鞘里，如果卵鞘没有发育成熟就被破坏掉了，是根本没办法继续孵化成蟑螂的。

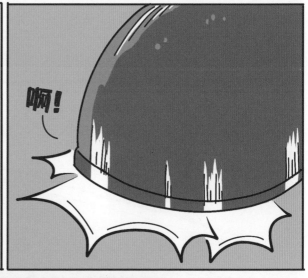

啊！

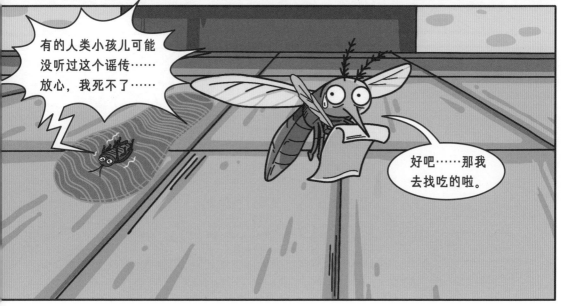

有的人类小孩儿可能没听过这个谣传……放心，我死不了……

好吧……那我去找吃的啦。

苍蝇脚上会分泌一些黏液，以此增加吸附力。

四处停留后，会有许多脏东西粘在脚上，起飞降落都不方便。

为什么苍蝇会经常"洗手"？

所以苍蝇要时常搓掉脚上的脏东西，一是为了身体灵活，二是为了保持味觉灵敏。

苍蝇的味觉器官也在脚上，沾满东西后就无法"尝"到新的气味。

苍蝇是怎么吃东西的？

第一步：呕吐

苍蝇吐出液体，该液体是包含唾液和消化液的混合物。

第二步：溶解

其中的消化液将大块食物融成小碎屑。

第三步：吸食

苍蝇长着一个舔吸式口器，吃东西很像用吸管在吸。

苍蝇的消化特别快，可以边吃边拉，吃得更多；同时，如果之前吃了腐肉等食物，还可以及时排出细菌。

第四步：拉屎

苍蝇整个进食过程为 7~11 秒。

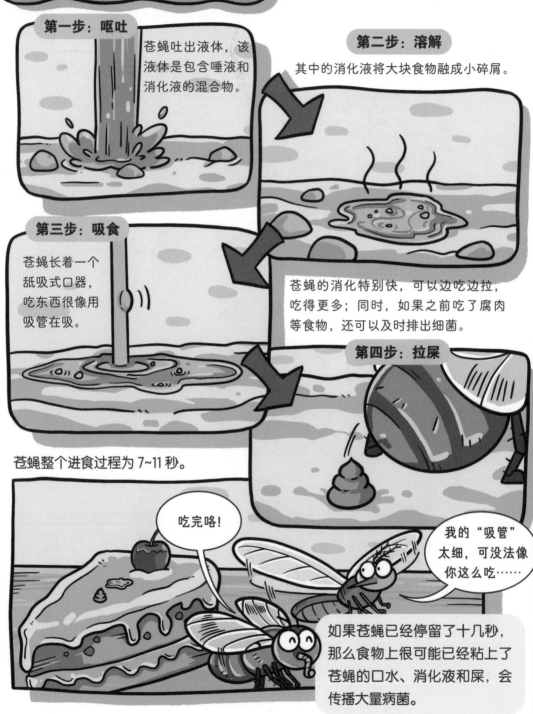

吃完咯！

我的"吸管"太细，可没法像你这么吃……

如果苍蝇已经停留了十几秒，那么食物上很可能已经粘上了苍蝇的口水、消化液和屎，会传播大量病菌。

16

苍蝇和蚊子的嗅觉感受器都是头部的触角，它们靠触角"闻"气味。

闻到了吗？

嗯嗯，好香啊……

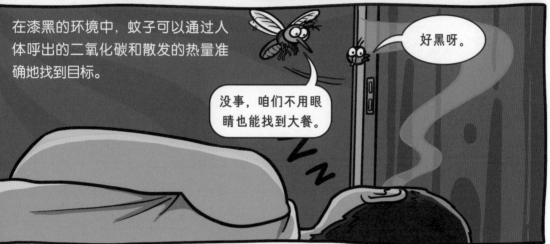

在漆黑的环境中，蚊子可以通过人体呼出的二氧化碳和散发的热量准确地找到目标。

好黑呀。

没事，咱们不用眼睛也能找到大餐。

苍蝇喜欢人类头上的汗味。因为人头部的温度高，汗腺发达，而汗液中含有的盐分正是苍蝇平时饮食中所缺少的。

哇……太酸爽了。

……

我要的大餐可不是汗，因为我肚子里的小宝宝需要的是鲜血。

只有母蚊子才会吸血。因为它身体里的卵巢需要吸收鲜血中的蛋白质才能发育成熟并产卵。

慢着！你要落在这个人身上吸血？万一把他弄醒了怎么办？

别担心，看我的！

蚊子降落在人身上时，会把腿分散得很开。

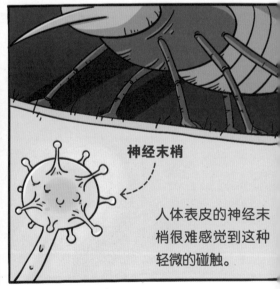

神经末梢

人体表皮的神经末梢很难感觉到这种轻微的碰触。

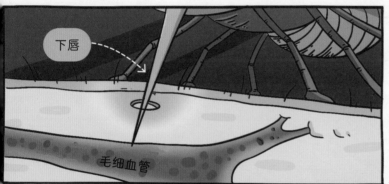

蚊子的口器是刺吸式口器，需要刺入毛细血管来吸血。

在口器刚刚刺入，还没有到达真皮层，让人感觉到疼之前，蚊子会吐出一些唾液。

这些唾液会起到麻醉、抗凝血和抑制血管收缩的作用，让蚊子吸血更顺畅，也让人体的末梢神经察觉不到蚊子在吸血。

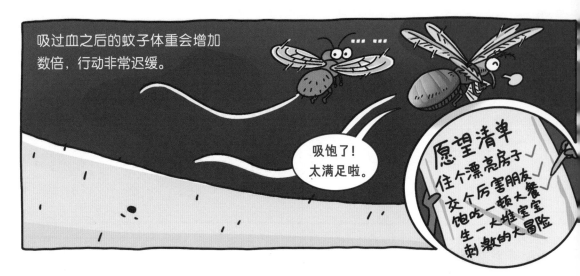

吸过血之后的蚊子体重会增加数倍，行动非常迟缓。

吸饱了！太满足啦。

愿望清单
住个漂亮房子 ✓
交个厉害朋友 ✓
饱吃一顿大餐 ✓
生一大堆宝宝
刺激的大冒险

为什么蚊子叮过的地方会"起包"并且"发痒"？

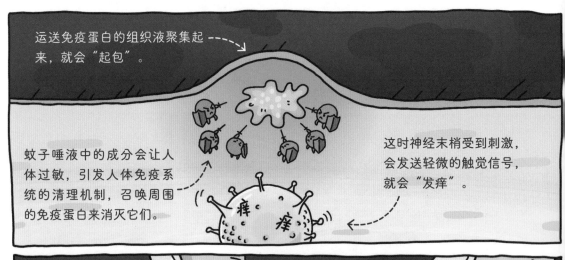

运送免疫蛋白的组织液聚集起来，就会"起包"。

蚊子唾液中的成分会让人体过敏，引发人体免疫系统的清理机制，召唤周围的免疫蛋白来消灭它们。

这时神经末梢受到刺激，会发送轻微的触觉信号，就会"发痒"。

如果挠了这个"包"，就加速了血液循环。

蚊子唾液里的成分四处扩散，结果就是"战场"扩大，更肿，更痒。

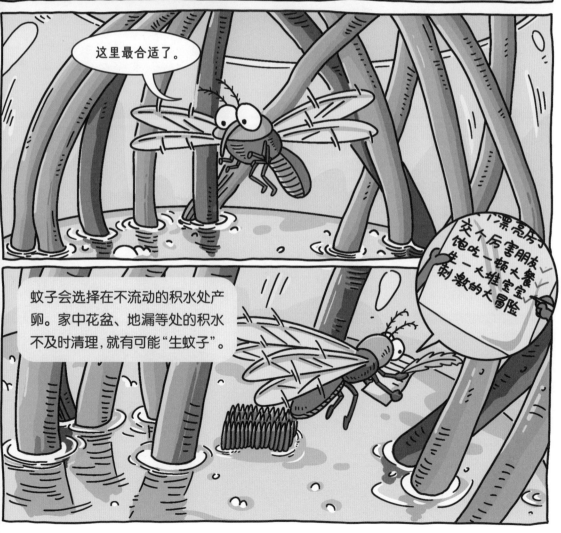

蚊子会选择在不流动的积水处产卵。家中花盆、地漏等处的积水不及时清理,就有可能"生蚊子"。

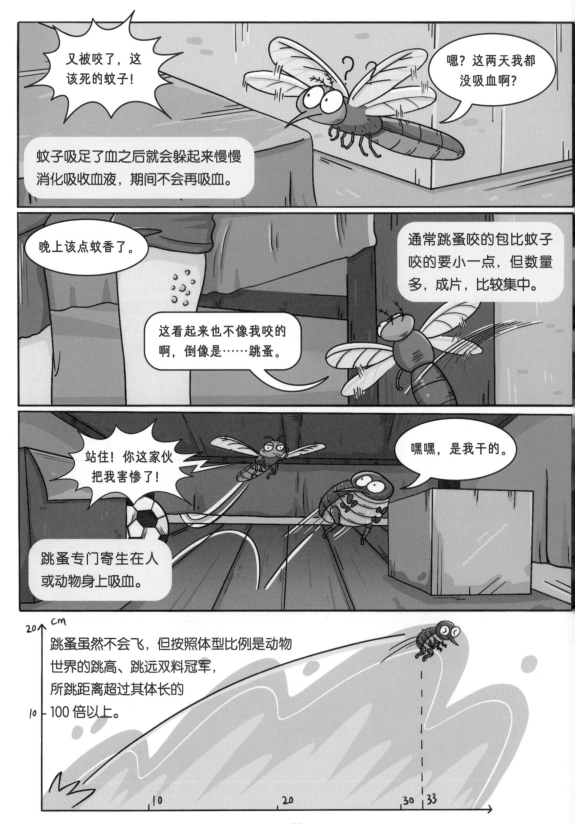

23

羊毛衫

材质 绵羊毛
特点 厚实、安全感十足。

羽绒服

材质 鸭绒、鹅绒
特点 隔热又保暖。

毛衣

材质 聚丙烯腈纤维（腈纶）
属性 人造化学纤维
特点 又弹又蓬松。

棉衣

材质 棉花
属性 植物 - 草本
特点 温暖柔和。

衣柜里的冬和夏

都说了解一个人要看他的衣柜,一年四季都藏在衣柜里面哟!

要换季了,一起去整理一下衣柜吧!

由于地理环境差异巨大，在冬天时，我国南北方的温差可达到30~50摄氏度。

27

"生生不息"的绵羊毛

我们绵羊的毛就像人的头发一样，会不断生长。

每年人们都会给我们剃毛，剃的时候还挺舒服的，不会伤害到我们。

剃毛时用的是推子，就像剪头发一样。在澳大利亚和新西兰还会有剃羊毛大赛，剃光一只羊只需要 50 秒。

某些品种的绵羊，不剃毛的话，羊毛就会一直生长，变成这个样子……

为什么羊毛衫会缩水，而绵羊身上的羊毛不会？

羊毛的外层被相互重叠、方向一致的毛鳞片包围着。

这些鳞片让羊毛往一个方向滑动时很容易。

往相反方向滑动则很困难。

其他哺乳动物的毛发也都带有这样的毛鳞片，包括人类的头发。

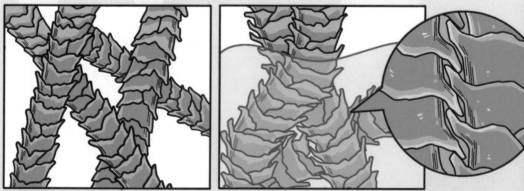

泡水之后，羊毛纤维会膨胀，纤维之间接触更紧密了，也更容易相互交缠。

因为毛鳞片的锁定，整个纤维只会朝一个方向运动，结果就越卡越紧，无法回到原来的位置。

这时候，如果羊毛衣被反复搓洗，羊毛纤维就会彼此摩擦。这就是"缩水"，也叫羊毛的"毡化"。

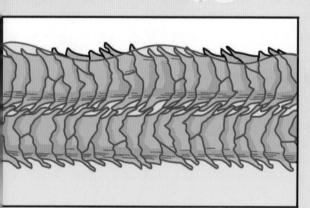

而绵羊淋雨的时候，羊毛不会像在洗衣机里那样反复揉搓，自然就不会"缩水"了。

所以即使绵羊淋了雨，羊毛也不会缩水。

哟……哎？人呢？

羽绒服为什么那么暖和？

羽绒服中的羽绒由"羽"和"绒"组成。

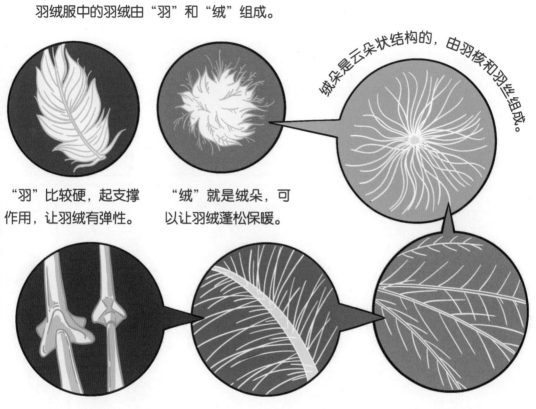

绒朵是云朵状结构的，由羽核和羽丝组成。

"羽"比较硬，起支撑作用，让羽绒有弹性。

"绒"就是绒朵，可以让羽绒蓬松保暖。

绒丝上有许多绒枝。

绒枝上又有许多绒小枝。

绒小枝上有许多节点和数不清的微小孔隙。

暖空气

出不去！

冷空气

进不去！

在这些结构中存在着大量缝隙和空洞，可以容纳大量空气，构成完美的绝缘层，隔绝了外界的冷空气交换。

这是腈纶造的毛衣，不会缩水，还比羊毛衫更保暖呢！

腈纶？

腈纶是一种化学合成纤维，是从石油里提炼，再加工合成的。

腈纶

腈纶，学名聚丙烯腈纤维。弹性较好，蓬松卷曲而柔软，因为特性很像羊毛，保暖性比羊毛更好，有"合成羊毛"之称。

哇，化学合成的东西真不错！

是，不过有个小缺点……

在冬季，化纤产品穿一段时间后会很容易起静电。

啊！电死我啦！

我也来给你介绍一些凉快的面料吧！

丝绸

以蚕丝制成，透气又透湿，凉爽又舒适。

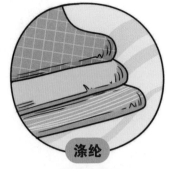

涤纶

化学纤维的一种，又名聚酯纤维，可以做成很有光泽、颜色鲜艳的布料。耐光照，不易褪色。

竹子

竹子密度极高，空气无法进入，因此导热性很强，人只要一靠近它，它就可以把身上的一部分热量带走。常用于制作凉席、凉椅。

哈哈，太舒服啦，冷饮再来一杯！

哼！

东西都被你吃光了！当然是去超市补货！！

还挺甜的……

你干什么去呀？

超市与我们的生活息息相关，在那里可以买到各种日常所需的东西，尤其是各种美味的食物，吸引我们每天前去购买。但你真的了解这些食物吗？它们又是从哪里来的呢？

超市的神秘空间已经开启，

一起去看看它们的故事吧！

鲢鱼
属性 鲤形目 - 鲤科
生活区域 淡水水系表层。
特点 受惊吓会乱蹦乱跳。

鳙鱼
属性 鲤形目 - 鲤科
生活区域 淡水水系中上层。
特点 外号"大头娃娃"。

草鱼
属性 鲤形目 - 鲤科
生活区域 淡水水系中下层。
特点 喜欢跃出水面啃荷花。

青鱼
属性 鲤形目 - 鲤科
生活区域 淡水水系下层。
特点 力气大，不活跃。

鲤鱼
属性 鲤形目 - 鲤科
生活区域 水流平缓的河川或湖泊。
特点 喜欢钻泥找食物。

打捞请
呼叫店员

足

章鱼
别称 八爪鱼
属性 头足纲 - 八腕目
生活区域 温暖的海底。
特点 能变色和变形，会喷墨。

枪乌贼
别称 鱿鱼
属性 头足纲 - 十腕目
生活区域 浅海中上层。
特点 三角形的鳍，十条腿。

乌贼
别称 墨斗鱼
属性 头足纲 - 十腕目
生活区域 远海深水中。
特点 能变色，会喷墨，十条腿。

水产区里的"谋杀案"

水产区里游弋着各种鱼类、软体动物、螃蟹……同类之间看似一样，实则相去甚远，该怎么区分它们呢？当然是由它们自己来介绍了。但在此之前，我们先要处理一件棘手的案件……

大黄鱼、小黄鱼
别称 黄花鱼
属性 鲈形目 - 石首鱼科
生活区域 泥沙质海区。
特点 爱好唱歌，声如松涛。

中华绒螯蟹
别称 河蟹
属性 十足目 - 弓蟹科
生活区域 淡水河流湖泊中。
特点 钳子上长毛。

三疣梭子蟹
别称 梭子蟹
属性 十足目 - 梭子蟹科
生活区域 近海沙泥或水草中。
特点 两头尖尖。

青蟹
属性 十足目 - 梭子蟹科
生活区域 潮间带泥滩、沼泽中。
特点 青绿色的身体。

白带鱼
属性 鲈形目 - 带鱼科
生活区域 温热带海域。
特点 性格暴躁，同类相杀。

锈斑蟳
别称 花蟹
属性 十足目 - 梭子蟹科
生活区域 近海或珊瑚礁附近浅水中。
特点 头上有十字。

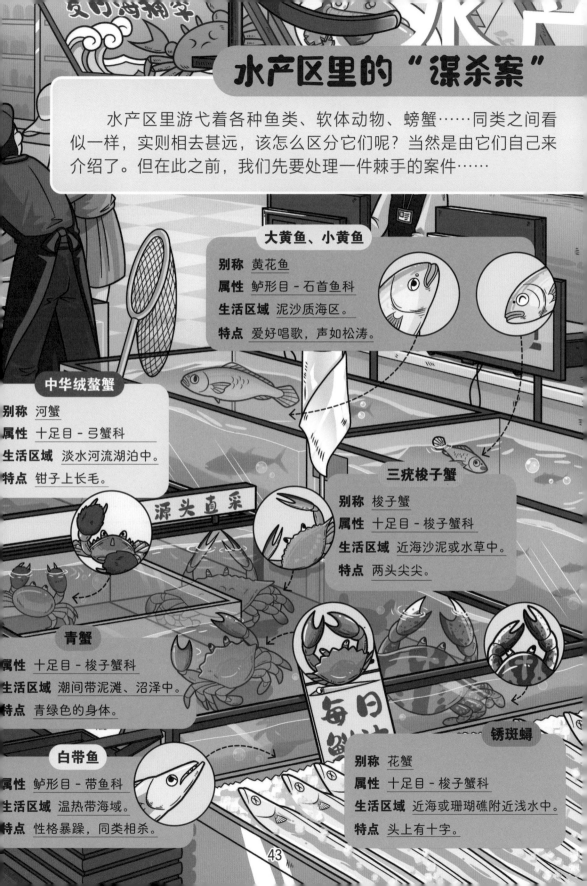

源头直采

每日

44

47

鲤鱼！你没有入选四大家鱼，所以因为嫉妒才诬告它们对不对？

没错！我是嫉妒！原本最受中国百姓欢迎的家鱼可是我啊！

鲤鱼为什么不是"四大家鱼"之一？

昭告天下，敢养鲤鱼者，重打60大板！

唐朝皇帝

中国早在三千多年前的春秋时期就开始养殖鲤鱼了。但是到了一千多年前的唐朝，因为皇帝姓"李"，跟"鲤"同音，所以禁止渔民养殖和贩卖鲤鱼。

后来渔民发现，青、草、鲢、鳙四种鱼可以养在同一池塘的不同的水域，利用率更高，而且食物不同，可以将资源利用率最大化，后来渐渐取代了鲤鱼的地位，成为中国百姓最常吃的鱼。

四大家鱼

吃浮游植物。

吃浮游动物。

吃水草。

吃螺、蚌等软体动物。

诽谤他人也是犯罪！去跟四大家鱼道歉吧，如果它们原谅你，我可以不追究。

对不起……

带鱼是海鱼，还是得去找海水鱼们调查一下。

六黄鱼

海水鱼

章鱼智商极高，不仅能改变颜色，还可以利用柔软的身体模仿任何东西的形态。

带鱼？谋杀？不可能……因为我根本见不到它。

你们都生活在海水里吗？

嫌疑海产 1

大黄鱼

常见海水鱼。超市和市场上常见的大黄鱼通常体长 30~40 厘米，野生的有 75 厘米左右。

我们这些来到超市里的大黄鱼全都是人工养殖的。

看看，我们都是在这样的网箱里长大的，根本接触不到带鱼。

由于早年间的过度捕捞，野生大黄鱼现在已经濒临灭绝，非常少见且价格极其昂贵。

濒危

你还是找小黄鱼问问吧。

它们不是你的孩子吗?

糊涂警探!我们根本不是一种鱼!

大黄鱼和小黄鱼的区别

大黄鱼和小黄鱼都是"黄花鱼",它们的身体都呈现金黄色。

身体较大。

尾柄细长。

大黄鱼

鳞片较小。

下颌突出,俗称"地包天"。

身体较小。

尾柄短粗。

小黄鱼

鳞片较大。

尾柄:指鱼的臀鳍后方到尾鳍基底的部分。

我去找小黄鱼问问……

嫌疑海产 2
小黄鱼
常见海水鱼,超市和市场上常见的小黄鱼比大黄鱼身体小得多。

带鱼?那家伙残暴得很!小时候没被它吃掉是我运气好!

带鱼非常凶猛,捕食时会竖直身体静止不动。

发现猎物时,带鱼会急速弯曲身体扑向食物。

所以你长大了就怀恨在心,伺机报复它们对不对?

你瞧瞧我!我长大了也才这么大,哪有能力报复带鱼啊!

20 厘米

0 5 10 15 20

成年小黄鱼通常为 20 多厘米,最长可达 40 厘米。

嘿！警探大哥，我们可都是守法好公民，你看咱们都是八条腿，原本还是一家呢……

嫌疑海产 3
乌贼
又称墨斗鱼或墨鱼，常见海洋软体动物，不属于鱼类。

以为我真糊涂？你明明是十条腿！还有两条腿在这里！

乌贼共有十条腿，其中八条短腿上有吸盘，还有两条长腿叫作"触腕"，平时藏在触腕囊内，捕食时才伸出来。

好疼啊！快松开！

哼！我也会！

我可要不客气了！

乌贼和章鱼遇到危险时都会喷墨，喷墨时可以极速地射出身体。

鱿鱼

是枪乌贼的俗称。与乌贼的触手数量一样，都是十条。区别在于多数枪乌贼的鳍在身体后部 1/3 的位置，呈三角状，而乌贼的鳍环绕在身体两侧。

你跟乌贼都是一家的，你们都是害死带鱼的重大嫌犯！

怎么打起来了？有话好好说啊！

它蛮不讲理！

带鱼那么凶猛，都是它在吃我们，我们根本打不过带鱼啊！

带鱼主要以吃小鱼和乌贼为生。

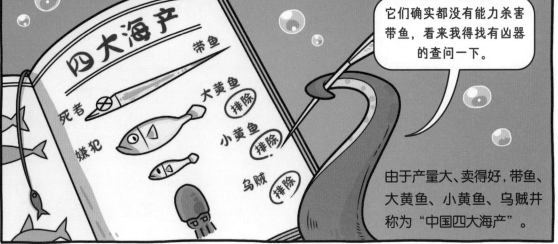

它们确实都没有能力杀害带鱼，看来我得找有凶器的查问一下。

由于产量大、卖得好，带鱼、大黄鱼、小黄鱼、乌贼并称为"中国四大海产"。

53

大闸蟹先生，关于带鱼死亡……对了，你是生活在淡水还是海水里？

从我有意识以来就生活在淡水中。

大闸蟹在海里出生，之后会洄游到淡水中长大。

拜拜，没事了。

嫌疑有钳类 1
中华绒螯蟹
又被称为河蟹、毛蟹，价格相对便宜些。通常在长江捕捞到的中华绒螯蟹被称为"大闸蟹"。

差点又丢人了！

梭子蟹先生，你是生活在海水里对吧？关于带鱼死亡……

嫌疑有钳类 2
三疣梭子蟹
常见海水蟹，有些地方俗称梭子蟹。因为甲壳的中央有三个突起，所以又称"三疣梭子蟹"。

看清楚了！我是母的！

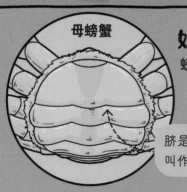

母螃蟹

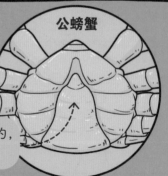

公螃蟹

如何分辨螃蟹的公母
螃蟹腹部的甲壳被称为"脐"。

脐是椭圆形的，叫作团脐。

脐上面是尖的，叫作尖脐。

每条带鱼的鱼鳔都破裂了，这应该就是它们的死因。

鱼鳔

鱼的重要器官，俗称鱼泡，里面充满了气体。

鱼可以通过调节鱼鳔中的气体维持体内和体外的压力平衡。

浅水中水压较小，生活在这里的鱼，鱼鳔里的气体少，体内压力也小；

深水中水压较大，生活在这里的鱼，鱼鳔里的气体多，体内压力也大。

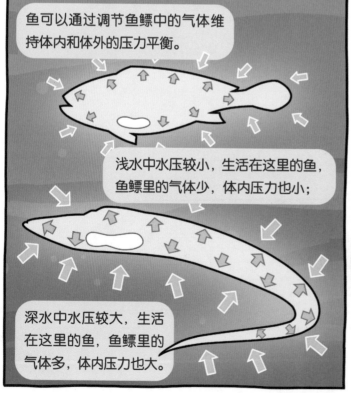

看鱼鳔的伤口，确实不像是钳子划开的，倒像是……从里面破开的！

啊！我明白了！

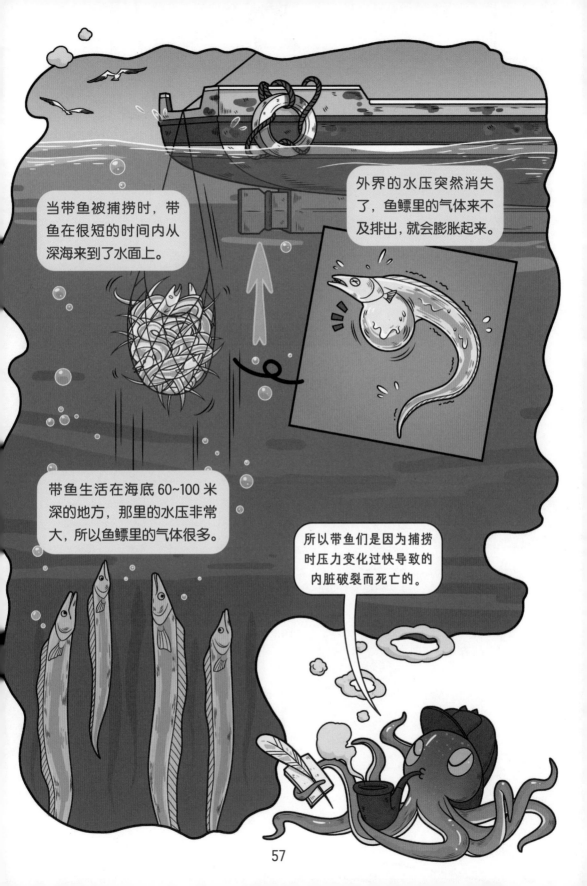

当带鱼被捕捞时，带鱼在很短的时间内从深海来到了水面上。

外界的水压突然消失了，鱼鳔里的气体来不及排出，就会膨胀起来。

带鱼生活在海底 60~100 米深的地方，那里的水压非常大，所以鱼鳔里的气体很多。

所以带鱼们是因为捕捞时压力变化过快导致的内脏破裂而死亡的。

水果王国的新元帅

　　超市里有个地方永远人满为患，各种甜爽可口的纯天然食品，还富含维生素A、B、C、D、E。没错，这里就是水果区。但是听说水果王国正在举行新元帅的选举，一起去看看吧！

菠萝

别称 凤梨
属性 凤梨科 - 凤梨属
特点 外硬内软。

柚子

属性 芸香科 - 柑橘属
特点 热量低，适合减肥人群。

水果

榴莲
属性 木棉科 - 榴莲属
特点 奇臭无比而口感
却细腻香甜。

樱桃、车厘子
属性 蔷薇科 - 樱属
特点 物美价不廉。

中华猕猴桃
别称 奇异果
属性 猕猴桃目 - 猕猴
桃属
特点 以动物命名。

苹果
别称 平安果、智慧果
属性 蔷薇科 - 苹果属
特点 寓意吉祥的水果。

柠檬
属性 芸香科 - 柑橘属
特点 极酸，可以杀菌。

橘子
属性 芸香科 - 柑橘属
特点 果皮薄且粗糙。

橙子
别称 柳丁
属性 芸香科 - 柑橘属
特点 果皮厚且光滑。

蔬菜王国与水果王国经常因为争夺地盘而交战。

后来蔬菜王国与粮食部落结盟，水果王国吃了一场败仗。

水果之王·苹果

可恶，没想到它们联合起来这么厉害！

苹果果肉露出后，很快会变色。这是果肉中的酚类物质被空气中的氧气"氧化"导致的。

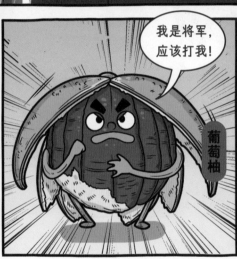

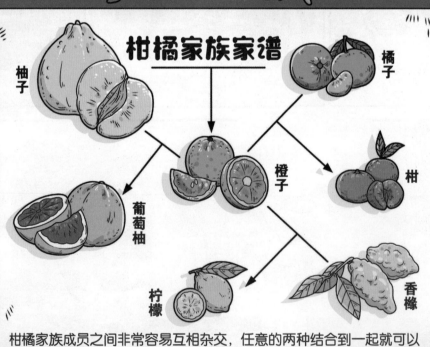

橙子和诸位都是水果王国几千年的老成员了，劳苦功高，处罚还是免了吧。

我国在古代就已经开始种植柑橘等植物了。

谢大王！

荔枝、桃子、杏、枣、梨等果树也都在上千年前就有人种植和栽培了。

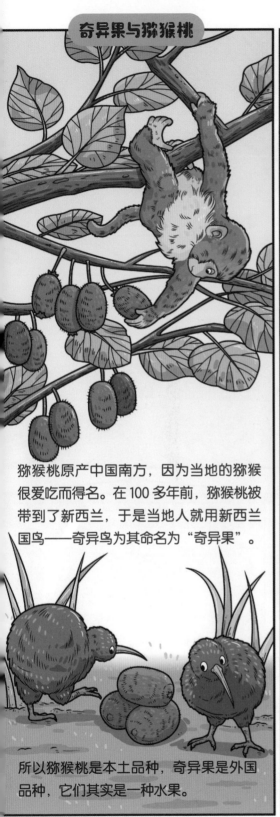

奇异果与猕猴桃

猕猴桃原产中国南方，因为当地的猕猴很爱吃而得名。在 100 多年前，猕猴桃被带到了新西兰，于是当地人就用新西兰国鸟——奇异鸟为其命名为"奇异果"。

所以猕猴桃是本土品种，奇异果是外国品种，它们其实是一种水果。

车厘子和樱桃有什么不同？

车厘子皮更厚，颗粒较大，果肉更厚，比樱桃更容易保存。

车厘子

保质期：5~7 天

车厘子是欧洲甜樱桃，和樱桃是同属不同种的关系。

未熟透保质期：7 天

熟透保质期：1 天

樱桃

樱桃颗粒较小，熟透后很甜，但不易保存，所以市场上常见的都是未熟透的樱桃，有点酸。

而且……我还有秘密武器。

榴莲的果肉中含有大量"硫化物"，这与腐臭味、臭鸡蛋味十分相似，而且果肉越成熟，臭味就越强烈。

快关上！太臭了！

太棒了！凭这个秘密武器一定能打败蔬菜和粮食联军！

大王！我们还应该派出间谍，提前了解一下敌人还有没有其他秘密武器。

好！就封榴莲为大元帅，菠萝为军师，迎战蔬菜和粮食联军！

欲知后事如何，请看下一章：蔬菜里的"水果间谍"。

粮食

大米

前身 水稻
属性 禾本科 - 稻属
特点 养活了世界一半人口。

面粉

前身 小麦
属性 禾本科 - 小麦属
特点 纯白无瑕，柔软
细腻。

大豆

别称 黄豆、毛豆
属性 豆科 - 大豆属
特点 世界上最重要的豆类。

蔬菜里的"水果间谍"

蔬菜货架色彩缤纷：紫亮亮的茄子、红彤彤的番茄，还有绿油油的白菜……它们形态各异，分属于植物的不同部位。但这些蔬菜里怎么还混入了"敌军"，赶快找出它是谁？！

马铃薯
别称 土豆
属性 茄科 - 茄属
特点 是蔬菜也是粮食。

胡萝卜
属性 伞形科 - 胡萝卜属
特点 生熟都能吃。

有机土豆

茄子
别称 吊菜子
属性 茄科 - 茄属

番茄
别称 西红柿
属性 茄科 - 番茄属
特点 是蔬菜也是水果。

白菜
别称 大白菜
属性 十字花科 - 芸薹属
特点 "百菜之王"。

花椰菜
别称 菜花
属性 十字科 - 芸薹属
特点 营养全面。

在与水果王国新一轮的交战中，蔬菜与粮食联军开发出了新的秘密武器。

辣椒中的"辣椒碱"与高温的油接触后，会形成许多微小的颗粒，飘入鼻腔后，刺激鼻腔黏膜，就会让人产生"呛"的感觉。

准备发射！

没想到水果士兵们都带了防毒面具，还把榴莲当作炮弹打了过来。

臭死了！

百菜之王·白菜

水果们早有准备！怎么回事！？

大王，水果们对咱们的秘密武器了如指掌，我怀疑……联军中混进了水果的间谍！

有理！你有怀疑的对象吗？

据我分析，间谍一定是植物的果实部分！

为什么？

植物六大器官

生殖器官

花

果实

种子

叶

茎

根

营养器官

无论水果、蔬菜还是粮食，大部分都是植物"六大器官"的可食用部分。

水果大多数都是植物的果实！间谍肯定在果实里面！

好，下一组！植物的茎都有谁？

植物的茎

我们都是……

莲藕

洋葱

竹笋

马铃薯

茎是植物的营养器官，长在根和叶之间，负责把水分和养分传输到植物的其他部分。

你们三个不是埋在地下的吗？也是茎？

好吧，不是果实就行。

我们是长在地下的茎，被称为"地下茎"，我们身上可没有根须哦。

植物的叶

叶是植物的营养器官，长在茎上，负责进行光合作用合成有机物，为植物提供能量。

植物的花

花是植物的生殖器官，负责生产种子。菜花和西兰花的食用部分是花茎和花蕾，也就是俗称的"花骨朵"。

植物的种子

下一组……

还怀疑到我们粮食部落头上了？

种子是植物的繁殖器官，负责生长出新的植物体。

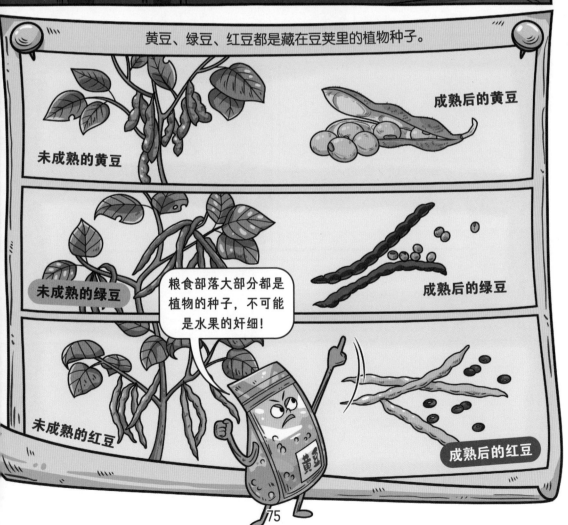

黄豆、绿豆、红豆都是藏在豆荚里的植物种子。

未成熟的黄豆

成熟后的黄豆

未成熟的绿豆

粮食部落大部分都是植物的种子，不可能是水果的奸细！

成熟后的绿豆

未成熟的红豆

成熟后的红豆

西红柿是蔬菜还是水果？

在我国，樱桃番茄被普遍认为是水果。

国际上认为番茄既是水果又是蔬菜。但在我国，番茄被普遍认为是蔬菜。

樱桃番茄

俗称圣女果，起源于南美洲。现在的大型番茄就是由野生樱桃番茄不断培育而得来的。

天然牧场

不痛快 每日新鲜

精品猪肉

家猪
属性 家畜 哺乳纲 - 偶蹄目 - 猪属
特点 体脂率比人低的小胖子。

家鸡
属性 家禽 鸟纲 - 鸡形目 - 原鸡属
特点 男女分工，干活不累。

鸡肉

熏鹅

中国家鹅
属性 家禽 鸟纲 - 雁形目 - 鸭属
特点 家禽一哥，铁血战士。

家鸭
属性 家禽 鸟纲 - 雁形目 - 鸭属
特点 走路左摇右摆。

烤鸭

禽畜大逃亡

几千年前人类就开始驯养动物了。野生动物们被驯养之后成为今天的家禽和家畜。它们也是人们的肉类、蛋类食物的主要来源。

但突然有一天，它们想摆脱命运，来一场疯狂的大逃亡！

家牛

属性 家畜 哺乳纲 -
偶蹄目 - 牛属

特点 拥有四个胃的
大块头。

牛肉

羊肉

山羊

属性 家畜 哺乳纲 - 偶
蹄目 - 山羊属

特点 性格莽撞，攀
爬高手。

鸡蛋

限时特惠

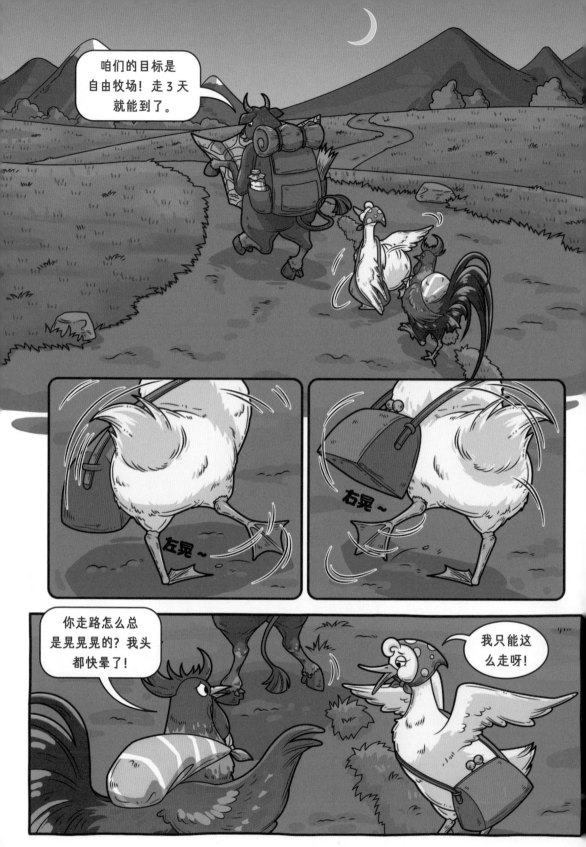

鸭子的身体就像一个平底船，鸭子用带蹼的脚划水推挤，腿靠近身体后方，更有利于在水中前进。

鸭子走路为什么左摇右摆的？

但鸭子腿短，因此必须把身体向后仰才能站稳。

走路时，则必须随着脚移动的方向，左 - 右 - 左 - 右地调整身体，才能保持平衡。

你这双脚不太擅长走路，到我背上来吧。

85

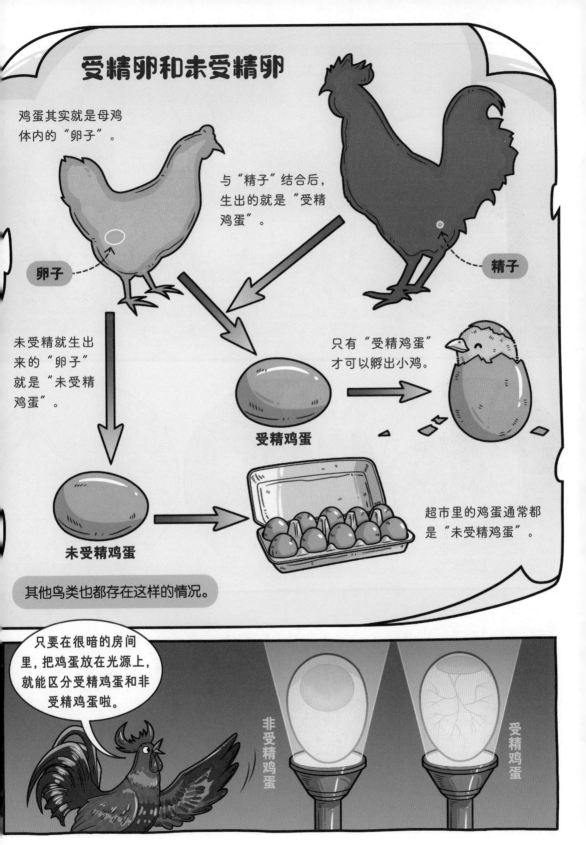

受精卵和未受精卵

鸡蛋其实就是母鸡体内的"卵子"。

与"精子"结合后，生出的就是"受精鸡蛋"。

卵子

精子

未受精就生出来的"卵子"就是"未受精鸡蛋"。

只有"受精鸡蛋"才可以孵出小鸡。

受精鸡蛋

未受精鸡蛋

超市里的鸡蛋通常都是"未受精鸡蛋"。

其他鸟类也都存在这样的情况。

只要在很暗的房间里，把鸡蛋放在光源上，就能区分受精鸡蛋和非受精鸡蛋啦。

非受精鸡蛋

受精鸡蛋

还有战斗力爆表的鹅!

鹅有锯齿状喙,舌头上也长着锯齿,咬住什么都不会轻易松口!

鹅的翅膀也非常有力。

大鹅的听觉敏锐,反应迅速,叫声响亮,农村不少家庭会用鹅看家护院。

这么说我们不是很危险?

还是快赶路吧……

牛有四个胃，其中瘤胃会在
反刍过程中起主要作用。

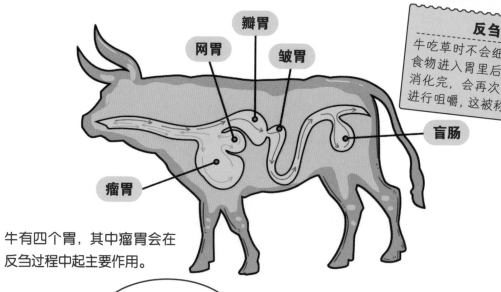

山羊、猪，还有大白鹅！

你们……能飞着逃走吗？

我只能飞上墙头那么高

我也就能扑腾几下……

家鸡祖先

红原鸡

家鸭祖先

绿头鸭

鸡鸭的祖先原本飞行能力都不错，红原鸡能轻易飞上树梢，鸭的祖先绿头鸭可以长途飞行。是几千年的驯化和选育导致了鸡鸭飞行能力的退化。

好吧，我老了，留下来挡住它们。你俩快跑吧。

你们……

不！你不走我们也不走！

对！一起出来就得共同进退！

那个……你们是不是要去自由牧场？

其实我们也是从农场跑出来的。

但是地图被我吃了，所以走错了路……

我们可不可以一起去自由牧场？

羊有时也会把纸当作食物吃掉，因为纸也是用植物的纤维制造的，含有植物的气味。

94

味精

主要成分 谷氨酸钠

特点 与盐同时放会更鲜。

辣椒

属性 木兰纲 - 茄科 - 辣椒属

特点 有人怕也有人爱。

红糖

主要成分 蔗糖

特点 可以中和过量的酸味。

家常菜里的酸、甜、咸、辣

中国人从几千年前就开始使用各种味道的调料了。它们按照味道可以分为酸、甜、辣、咸、鲜五种。

它们是怎么制成的，又有哪些功效呢？一起来看看吧。

醋

主要成分 乙酸

特点 可以缓解辣椒造成的火辣感。

食用盐

主要成分 氯化钠

特点 百味之首。

白糖

主要成分 蔗糖

特点 可以中和过量的酸味。

这次的故事从两个有理想的食材说起。

我的理想是成为一道大家最爱吃的家常菜。

西红柿

太棒啦！这也是我的理想！

鸡蛋

那我们合起来不就是一盘……

西红柿炒鸡蛋！

不不不，光有我们俩，这道菜是没有灵魂的。

海水煮干之后

你们好！当然可以！不过我们现在只是粗盐，还不能做调料呢。

我还得到干净水里洗一洗。

让身上大个杂质沉下去。

第二步：溶解。

第三步：沉淀。

过滤掉小个的杂质。

现在我就是可以吃的"精盐"啦！

第四步：过滤。

第五步：再次蒸发。

盐是最常见的咸味调料，有"百味之首"的说法。

盐是最古老的调料，早在5000年前，中国人就已经开始煮海水制盐了。

101

味精与食盐搭配在一起时，鲜味会更加浓郁，所以常搭配使用。

太好啦！又可以和盐哥哥在一起啦！

这次的主菜是西红柿和鸡蛋……哎？人呢？

我听说现在的味精都是化学合成的，常吃对身体可没好处……

确实不能放味精，不过原因……

你们太无礼了！

味精诞生这100多年来，从来都没有用化学方法合成过！

最早的味精是100多年前日本人从海带里提取出来的，那时叫"味素"。

玉米淀粉

大米

现在的味精主要是从各种粮食中提取的。

谷氨酸 + 盐 ⇨ 谷氨酸钠

鸡蛋里面含有一种叫作"谷氨酸"的物质。"谷氨酸"和盐在一起加热就会变成"谷氨酸钠"，这其实就是味精的主要成分，味道已经很"鲜"了。

如果再加味精，会破坏原来的鲜味，对身体也没有好处。

甘蔗
生长在较温暖的地区，高3~5米，含有丰富的糖分，是制糖的主要原料。

再加把劲！最棒的甜味调料——糖，就是从甘蔗里榨出来的！

你们俩在一起，这是要做……西红柿炒鸡蛋？

红糖
粗制的糖，含有甘蔗汁中的全部营养成分，从古到今都被当作保健品食用。

活性炭

过滤纸

现在可以啦！

原来白糖是红糖变的啊。

那我还得变个身，等我一下。

红糖经过过滤、提纯，去除了杂质就会变成白糖，白糖比红糖的含糖量更高。

106

107

食醋是常用酸味调料，主要是由粮食发酵制成的，其中醋酸的含量决定了酸味的强度。

食醋里面的醋酸可以中和辣椒碱，缓解皮肤的火辣感。

啊？我不是已经够酸了吗？还要加酸？

那你应该找浅色的米醋帮忙，我可别给你染黑啦。

这个酸是加给我的。

在打散的鸡蛋里加几滴醋，可以去掉鸡蛋的腥味。

高粱

小麦

米

陈醋主要是用高粱和小麦酿造的，颜色很深。

米醋主要是用糯米、糙米或大米酿造的，颜色是米色或透明的。

满载而归啦！

当你回到家，把这些食物统统吃进肚子的时候，记得把它们的故事讲给爸爸妈妈听哦！

113

家猫

俗称	古代称"狸奴"
属性	脊椎动物 – 哺乳类
特点	据说有九条命。

猫从高处落下后能用脚来着地，这被称为"翻正反射"，使猫从一定高度落地时不会受伤，因此才有"猫有九条命"的说法。

我可是地道的中华田园猫，埃及跟我有什么关系？

猫咪发展史

猫的祖先可是来自非洲的，看来我得给你补补课了。

在亚洲、非洲中间，有一片肥沃的土地，在地图上看形状就像一弯新月，所以这里被称为新月沃地。

约9500年前，新月沃地的人们发现老鼠和鸟类总会偷吃粮食，而非洲野猫可以捕鼠和驱赶鸟类，从此，人类开始了驯化猫的历史。

非洲野猫才是你们的老祖宗！

哈哈，咱们猫果然厉害，才会被人类这样毕恭毕敬请到家里！

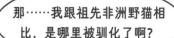
那……我跟祖先非洲野猫相比，是哪里被驯化了啊？

哈哈，其实……你没有被完全驯化！看看，许多远古时期就有的天性都被保留下来了。

向往自由

独立意识

也可以说，并不是人类驯化了猫，而是猫选择和人类一起生活。

好奇心强

清洁卫生

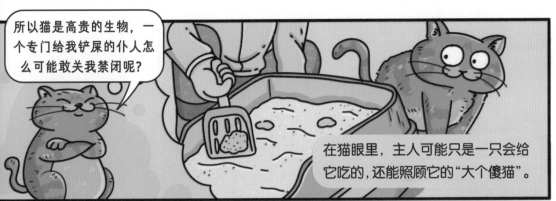

所以猫是高贵的生物，一个专门给我铲屎的仆人怎么可能敢关我禁闭呢？

在猫眼里，主人可能只是一只会给它吃的，还能照顾它的"大个傻猫"。

谢谢你！哎？哪儿去了？猫神！

反省了吧？出来吧。

瞧，她果然不敢对我不敬。

反省了吧？反省了吧？

你闭嘴！

鹦鹉很聪明，舌头结构也很特殊，可以发出各种声音，包括学人说话。不过它们都只是模仿声音，并不理解语言的含义。

与具有独立意识的猫相比，狗更加通人性，会认为自己是人类的家庭成员。

家犬

俗称 狗
属性 脊椎动物 - 哺乳类
特点 善解人意，人类的灵魂伴侣。

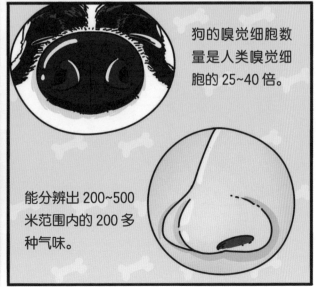

狗的嗅觉细胞数量是人类嗅觉细胞的 25~40 倍。

能分辨出 200~500 米范围内的 200 多种气味。

此后虽然过去了上万年，但狗祖先的好多优秀习性都被继承了下来。

部分狗的能力还得到了特殊的培育和开发呢。

哈士奇

抗寒、耐力和力量。

灵缇

奔跑和捕猎。

拉布拉多

超强嗅觉用于缉毒。

看外形，你的祖先怎么好像是……

没错，狗的祖先就是狼。

我还是离你远一点吧！我害怕！

二胖，大头，去公园啦！

草地里的隐秘角落

公园里有大片这样的青草绿地，供人们休憩。如果你踏足进来，试着找寻一下"隐秘的角落"，说不定会有意外的惊喜和发现。

蚯蚓

别称 地龙
属性 环节动物 - 寡毛纲
栖息环境 泥土中、地下
特点 吃的是土，拉的也是土。

蝼蛄

别称 蝲蝲蛄
属性 节肢动物 - 昆虫
栖息环境 地面、地下
特点 最喜欢在 40 瓦的灯光下活动。

蚂蚁

别称 昆蜉
属性 节肢动物 - 昆虫
栖息环境 地面、地下
特点 寿命很长。

喜鹊

别称 报喜鸟

属性 脊椎动物 - 鸟类

栖息环境 草地、树林

特点 好运与福气的象征。

乌鸫

别称 百舌鸟

属性 脊椎动物 - 鸟类

栖息环境 草地、树林

特点 擅长模仿各种鸣叫声。

蒲公英

别称 婆婆丁

属性 草本植物

栖息环境 地面

特点 种子上有绒毛，能
随风飘走。

125

花丛中的奇幻世界

公园中最美丽的景色，莫过于这片五彩斑斓的花海。拨开花丛，会看到哪些有趣的动、植物呢？

胡蜂

别称 大黄蜂
属性 节肢动物 - 昆虫
特点 性情凶猛。

蜜蜂

别称 土蜂
属性 节肢动物 - 昆虫
特点 采蜜、酿蜜小能手。

金鸡菊

别称 小波斯菊
属性 草本植物
特点 耐寒耐旱，适应性强。

柑橘凤蝶

别称 胡蝶
属性 节肢动物 - 昆虫
特点 美丽娇艳的外形。

小豆长喙天蛾

别称 蜂鸟鹰蛾

属性 节肢动物 - 昆虫

特点 昆虫界的"四不像"。

紫茉莉

别称 丁香叶

属性 草本植物

特点 下午四点准时开花。

月季

别称 月月红

属性 木本植物

特点 集观赏与实用于一体。

树林里的快乐生活

很多童话故事都是发生在森林里，因为森林里人迹罕至又神秘莫测。在这里隐藏着各种有趣的生物们，它们在这里祥和而又快乐地生活着。

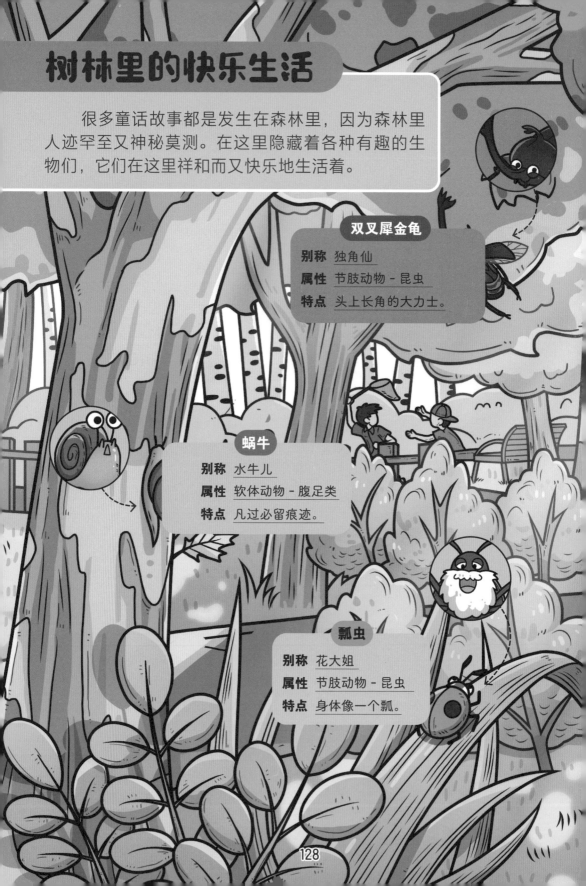

双叉犀金龟

别称 独角仙
属性 节肢动物 - 昆虫
特点 头上长角的大力士。

蜗牛

别称 水牛儿
属性 软体动物 - 腹足类
特点 凡过必留痕迹。

瓢虫

别称 花大姐
属性 节肢动物 - 昆虫
特点 身体像一个瓢。

蝉

别称 知了
属性 节肢动物 - 昆虫
特点 大嗓门。

啄木鸟

别称 嚓哒木
属性 脊椎动物 - 鸟类
特点 爱给树木治病。

银杏

别称 公孙树
属性 木本植物
特点 活化石。

萤火虫

别称 景天
属性 节肢动物 - 昆虫
特点 会在夜间发光。

家燕

别称 燕子
属性 脊椎动物 - 鸟类
特点 "剪刀"尾巴。

褐家鼠

别称 老鼠
属性 脊椎动物 - 哺乳类
特点 最适应人类社会的
　　　兽类之一。

屋檐下的生存之道

公园里有很多像这样供人休憩的亭子，当你坐下休息时，不妨留意四周，说不定会有意想不到的发现。

北京雨燕

别称 楼燕

属性 脊椎动物 - 鸟类

特点 除繁殖期，终生飞行不落地。

蝙蝠

别称 燕巴虎

属性 脊椎动物 - 哺乳类

特点 唯一会飞的哺乳动物。

黄鼬

别称 黄鼠狼

属性 脊椎动物 - 哺乳类

特点 放的屁是真正的"毒气"。

蛇

别称 长虫

属性 脊椎动物 - 爬行类

特点 传说是龙在现实中的化身。

黑斑侧褶蛙

别称 青蛙

属性 脊椎动物 - 两栖类

特点 腿长，善于跳跃。

鸳鸯

别称 匹鸟

属性 脊椎动物 - 鸟类

特点 一夫多妻制。

叉尾斗鱼

别称 花手巾

属性 脊椎动物 - 鱼

特点 繁殖期雄鱼会变
得非常漂亮，
特别好斗。

翠鸟

别称 钓鱼郎
属性 脊椎动物 - 鸟类
特点 捕鱼高手。

香蒲

属性 草本植物
特点 香肠一样的
果实类。

绿头鸭

属性 脊椎动物 - 鸟类
特点 情感丰富。

池塘里的美丽"雄"姿

在公园泛舟游湖是一件非常惬意的事，伴着平缓的水流，静静徜徉。但如果你仔细观察，会发现平静湖面中的点点涟漪……

多变的天气啊！

　　都说天气就像娃娃的脸，说变就变，前一刻还晴空万里，下一秒就电闪雷鸣，下起了瓢泼大雨。

　　哈哈！还好及时赶回家了。

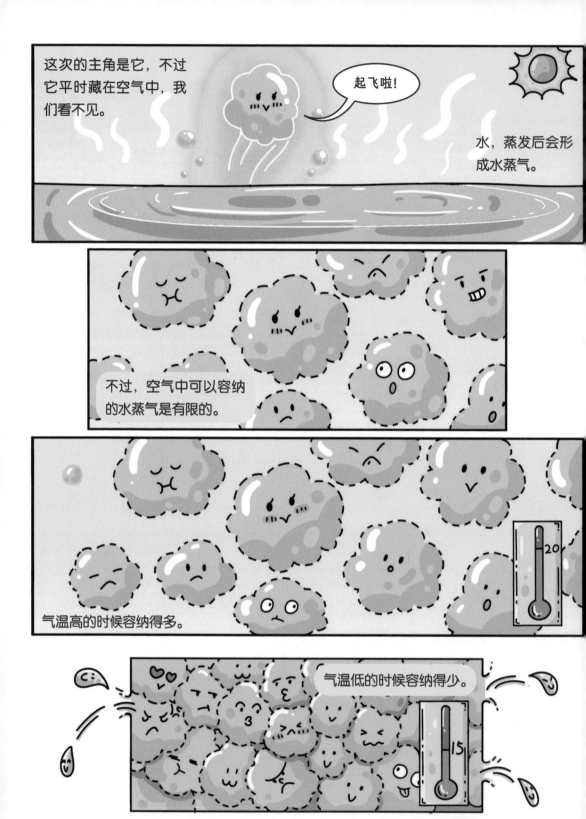

"雾"和"霾"有什么不同？

有明显边界。

乳白或青白色。

雾

主要由小水滴构成。

出现雾时空气会比较潮湿。

含水量 90% 以上

范围小，几十米到几百米。

霾
无明显边界，黄色、橙灰色，范围大，可达十千米。

除了水还包含灰尘、硫酸、硝酸等化合物。

出现霾时空气比较干燥。

含水量 80% 以下

雾和霾经常同时出现，当空气中的含水量在 80%~90% 时，就是混合状态，被称为"雾霾"。

139

在太阳的照射下，地面附近的气温会升高，空气中的含水量就不再饱和了，这时雾中的水滴都会变成水蒸气。

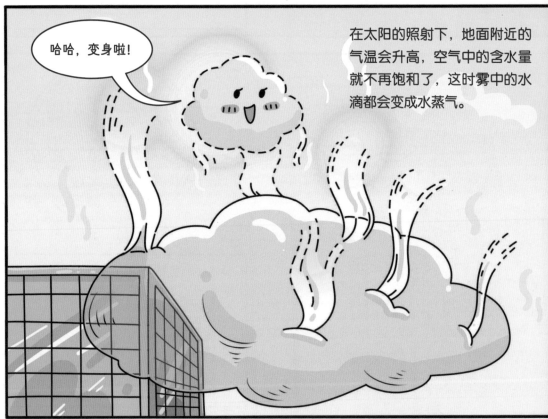

当水蒸气随着热空气
上升到高空时，又会
遇到冷空气。

类似形成雾的情况，高空中的水汽达
到饱和，并且温度降低时，又会形成
许多小水滴，这就是云。

风是怎么形成的？

火烧云为什么是红的？

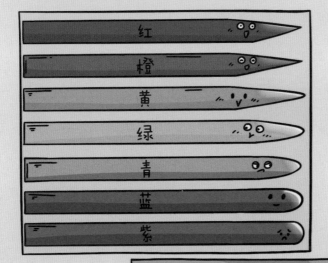

阳光中包含红、橙、黄、绿、青、蓝、紫七种颜色。

这几种光中，红光穿过空气层的本领最大，橙、黄、绿光次之，青、蓝、紫光最差。

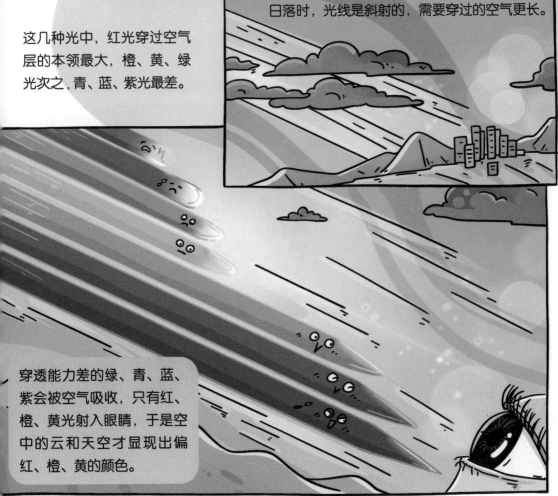

日落时，光线是斜射的，需要穿过的空气更长。

穿透能力差的绿、青、蓝、紫会被空气吸收，只有红、橙、黄光射入眼睛，于是空中的云和天空才显现出偏红、橙、黄的颜色。

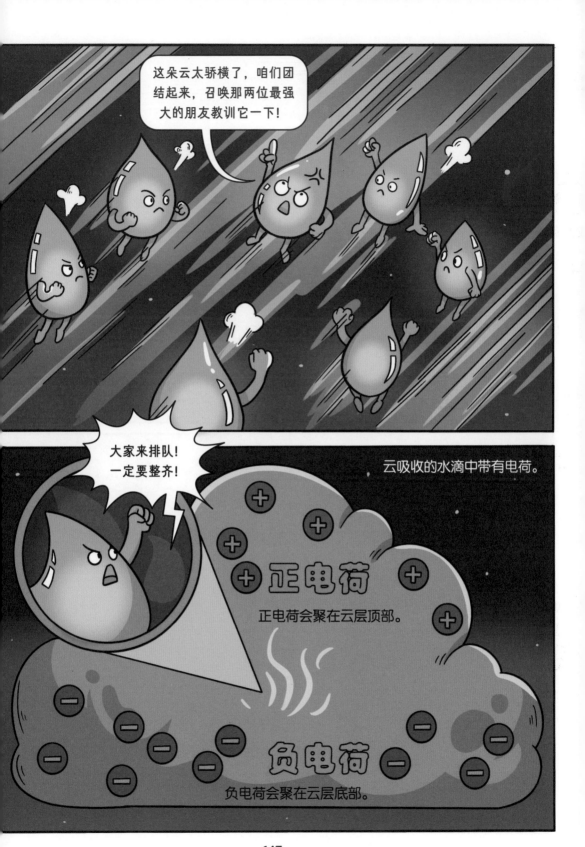

147

正电荷和负电荷之间会相互吸引。

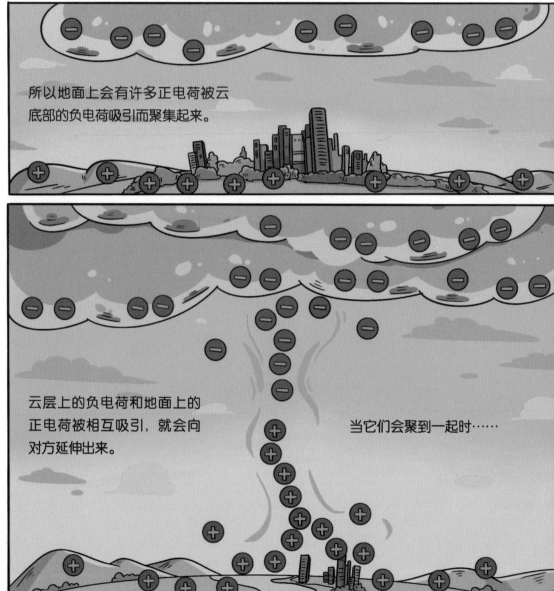

所以地面上会有许多正电荷被云底部的负电荷吸引而聚集起来。

云层上的负电荷和地面上的正电荷被相互吸引，就会向对方延伸出来。

当它们会聚到一起时……

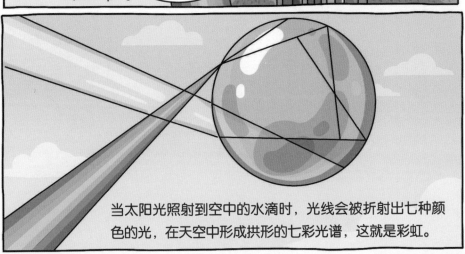

当太阳光照射到空中的水滴时，光线会被折射出七种颜色的光，在天空中形成拱形的七彩光谱，这就是彩虹。

回家啦！

回家啦！

　　原来在我们身边有这么多神奇又可爱的生物们，它们存在于我们的生活中，是这个星球上不可或缺的一份子。多多观察，也许还能发现更多有趣的新事物！

本书物种的博物学分类

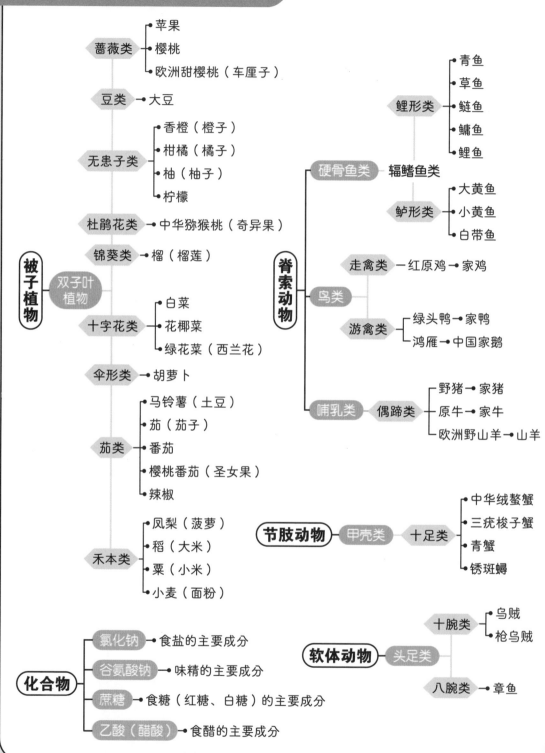

被子植物
- 双子叶植物
  - 蔷薇类
    - 苹果
    - 樱桃
    - 欧洲甜樱桃（车厘子）
  - 豆类 → 大豆
  - 无患子类
    - 香橙（橙子）
    - 柑橘（橘子）
    - 柚（柚子）
    - 柠檬
  - 杜鹃花类 → 中华猕猴桃（奇异果）
  - 锦葵类 → 榴（榴莲）
  - 十字花类
    - 白菜
    - 花椰菜
    - 绿花菜（西兰花）
  - 伞形类 → 胡萝卜
  - 茄类
    - 马铃薯（土豆）
    - 茄（茄子）
    - 番茄
    - 樱桃番茄（圣女果）
    - 辣椒
  - 禾本类
    - 凤梨（菠萝）
    - 稻（大米）
    - 粟（小米）
    - 小麦（面粉）

脊索动物
- 硬骨鱼类 辐鳍鱼类
  - 鲤形类
    - 青鱼
    - 草鱼
    - 鲢鱼
    - 鳙鱼
    - 鲤鱼
  - 鲈形类
    - 大黄鱼
    - 小黄鱼
    - 白带鱼
- 鸟类
  - 走禽类 — 红原鸡 → 家鸡
  - 游禽类
    - 绿头鸭 → 家鸭
    - 鸿雁 → 中国家鹅
- 哺乳类 偶蹄类
  - 野猪 → 家猪
  - 原牛 → 家牛
  - 欧洲野山羊 → 山羊

节肢动物
- 甲壳类 十足类
  - 中华绒螯蟹
  - 三疣梭子蟹
  - 青蟹
  - 锈斑蟳

软体动物
- 头足类
  - 十腕类
    - 乌贼
    - 枪乌贼
  - 八腕类 → 章鱼

化合物
- 氯化钠 → 食盐的主要成分
- 谷氨酸钠 → 味精的主要成分
- 蔗糖 → 食糖（红糖、白糖）的主要成分
- 乙酸（醋酸）→ 食醋的主要成分

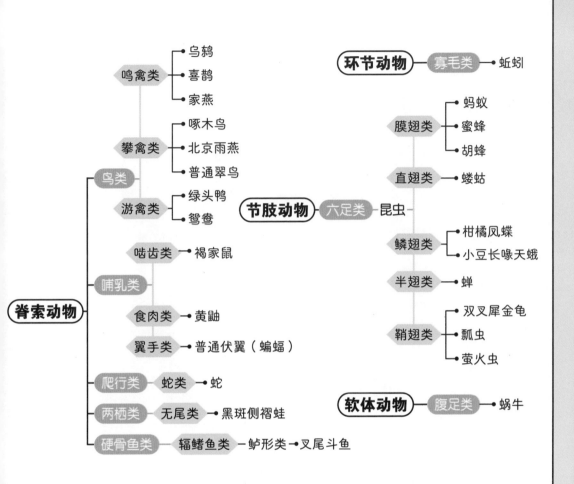

环节动物 ─ 寡毛类 → 蚯蚓

节肢动物

膜翅类
→ 蚂蚁
→ 蜜蜂
→ 胡蜂

直翅类 → 蝼蛄

六足类 昆虫

鳞翅类
→ 柑橘凤蝶
→ 小豆长喙天蛾

半翅类 → 蝉

鞘翅类
→ 双叉犀金龟
→ 瓢虫
→ 萤火虫

鸣禽类
→ 乌鸫
→ 喜鹊
→ 家燕

攀禽类
→ 啄木鸟
→ 北京雨燕
→ 普通翠鸟

鸟类

游禽类
→ 绿头鸭
→ 鸳鸯

啮齿类 → 褐家鼠

哺乳类

食肉类 → 黄鼬

脊索动物

翼手类 → 普通伏翼（蝙蝠）

爬行类 蛇类 → 蛇

两栖类 无尾类 黑斑侧褶蛙

软体动物 ─ 腹足类 → 蜗牛

硬骨鱼类 ─ 辐鳍鱼类 ─ 鲈形类 → 叉尾斗鱼

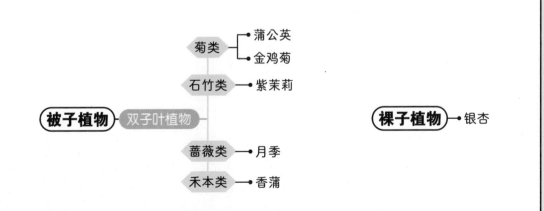

菊类
→ 蒲公英
→ 金鸡菊

石竹类 → 紫茉莉

被子植物 双子叶植物

裸子植物 → 银杏

蔷薇类 → 月季

禾本类 → 香蒲

本书物种的博物学分类

植物界 ─ 被子植物 ─ 双子叶植物 ─ 锦葵类 → 陆地棉（棉花）

节肢动物
- 蛛形类 → 蜘蛛
- 双翅类
  - 尖音库蚊
  - 家蝇
- 六足类 ─ 昆虫
  - 蜚蠊类
    - 德国小蠊
    - 美洲大蠊
  - 蚤类 → 跳蚤

脊索动物
- 哺乳类
  - 偶蹄类 → 绵羊
  - 食肉类
    - 狼 → 家犬
    - 非洲野猫 → 家猫
- 硬骨鱼类 ─ 辐鳍鱼类
  - 鳉形类 → 孔雀花鳉
  - 鲤形类 → 斑马鱼
  - 骨舌鱼类 → 美丽硬骨舌鱼
  - 鲈形类 → 神仙鱼
  - 鲇形类 → 甲鲇
- 鸟类 ─ 鹦形类 → 鹦鹉

审读推荐：张劲硕 中国科学院动物研究所国家动物博物馆副馆长

全书审读：史 军 中国科学院植物研究所博士

脚本知识作者：李维阳 笔名二猪，科普作家，自幼喜爱动物，热
爱大自然，笃爱博物学，曾饲养过 300 多
种动物，长期致力于青少年博物学科普教
育，在中央电视台、北京广播电视台、中
国科协等多家媒体机构担任常驻嘉宾、科
学顾问等。

米莱童书 ｜ 米莱童书 点亮孩子的未来

米莱童书是由国内多位资深童书编辑、插画家组成的原创童书研
发平台。旗下作品曾获得 2019 年度"中国好书"，2019、2020
年度"桂冠童书"等荣誉；创作内容多次入选"原动力"中国原
创动漫出版扶持计划。作为中国新闻出版业科技与标准重点实验
室（跨领域综合方向）授牌的中国青少年科普内容研发与推广基地，
米莱童书一贯致力于对传统童书进行内容与形式的升级迭代，开
发一流原创童书作品，适应当代中国家庭更高的阅读与学习需求。

策 划 人：刘润东
统筹编辑：王琪美
原创编辑：王晓北
漫画绘制：Studio Yufo
装帧设计：刘雅宁　张立佳　苗轲雯　辛　洋　汪芝灵　马司雯

图书在版编目（CIP）数据

身边的自然科学 / 米莱童书著绘. -- 北京 : 北京
理工大学出版社, 2024.4
（启航吧知识号）
ISBN 978-7-5763-3429-6

Ⅰ. ①身… Ⅱ. ①米… Ⅲ. ①自然科学—少儿读物
Ⅳ. ①N49

中国国家版本馆CIP数据核字(2024)第011917号

出版发行 / 北京理工大学出版社有限责任公司
社　　址 / 北京市丰台区四合庄路 6 号
邮　　编 / 100070
电　　话 / （010）82563891（童书售后服务热线）
网　　址 / http://www.bitpress.com.cn
经　　销 / 全国各地新华书店
印　　刷 / 朗翔印刷（天津）有限公司
开　　本 / 710毫米×1000毫米　1 / 16
印　　张 / 10　　　　　　　　　　　　　　　　　责任编辑 / 王琪美
字　　数 / 250千字　　　　　　　　　　　　　　文案编辑 / 王琪美
版　　次 / 2024年4月第1版　2024年4月第1次印刷　责任校对 / 刘亚男
定　　价 / 38.00元　　　　　　　　　　　　　　责任印制 / 王美丽

图书出现印装质量问题，请拨打售后服务热线，本社负责调换